本书受"汶川大地震对甘肃地质灾害的发展趋势
影响与防治研究(2008-YS-JK-12)"**项目资助**

U0226840

地质灾害预防

DIZHI ZAIHAI YUFANG

主　编　王得楷　胡　杰

编写人员　窦新生　蔡桂星　张玉芬

　　　　　丁祖全　周自强　张满银

　　　　　方世跃　徐步远　李莎莎

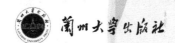

兰州大学出版社

图书在版编目(CIP)数据

地质灾害预防 / 王得楷,胡杰主编. —兰州:兰
州大学出版社,2013.8
ISBN 978-7-311-04224-0

Ⅰ.①地… Ⅱ.①王…②胡… Ⅲ.①地质—自然灾
害—灾害防治 Ⅳ.①P694

中国版本图书馆 CIP 数据核字(2013)第 177145 号

责任编辑　魏春玲　　雷鸿昌
装帧设计　管军伟

书　　名　地质灾害预防
主　　编　王得楷　胡　杰
出版发行　兰州大学出版社　(地址:兰州市天水南路 222 号　730000)
电　　话　0931-8912613(总编办公室)　　0931-8617156(营销中心)
　　　　　0931-8914298(读者服务部)
网　　址　http://www.onbook.com.cn
电子信箱　press@lzu.edu.cn
印　　刷　兰州万易印务有限责任公司
开　　本　710 mm×1020 mm　1/16
印　　张　7.25
字　　数　94 千
版　　次　2013 年 8 月第 1 版
印　　次　2014 年 5 月第 2 次印刷
印　　数　1~23200 册
书　　号　ISBN 978-7-311-04224-0
定　　价　16.00 元

(图书若有破损、缺页、掉页可随时与本社联系)

众志成城
共建美好家园

挺起不屈的脊梁 （代序）

————甘肃日报评论员文章·2013-07-24

　　大片的房屋在瞬间倒塌，鲜活的生命被无情掩埋……岷县、漳县交界6.6级地震，引起举国上下的强烈关注。面对突如其来的严峻考验，一场生与死较量的紧急抢险救援行动，正有序展开、高效推进。

　　关键时刻，党和政府的坚强领导，社会主义的制度优势，得到最充分的展现；危急关头，同舟共济的强大力量，顽强不屈的拼搏精神，得到最生动的写照。在党中央、国务院的高度重视和亲切关怀下，在省委、省政府的全面部署和周密安排下，各方抢险力量迅速汇聚灾区，各类救援物资紧急运往灾区……抢险救援、伤员救治、卫生防疫、群众生活安置、基础设施抢修、次生灾害防范等各项工作，不断取得重要进展。上下一心的不懈努力，四面八方的援助之手，温暖抚慰着地震造成的强烈伤痛，为灾区群众带去坚强的支撑、必胜的信心。

　　当前，抗震救灾依然处在关键时刻。有关部门和灾区各级党政组织，要把抗震救灾作为当前最大任务和中心工作抓紧抓好，决不能因为工作不到位，让受灾群众痛上加痛。要把全省正在开展的党的群众路线教育实践活动的实际成效，体现到抗震救灾的全过程，用良好的作风保障抗震救灾工作的顺利开展。要加强领导、明确责任，着力抓好五项工作：抓紧时间，全力抓好抢险救援；高度负责，切实做好受灾群众安置工作；上足力量，帮助受灾群众做好受损房屋和资产清理工作；各司其职，抓好防范次生灾害和卫生防疫工作；统筹安排，抓紧做好查灾核灾和恢复重建工作。

拧成一根绳，汇聚万股劲。从汶川到舟曲，我们在悲痛中凝聚不屈的力量，在灾难中书写奋进的历史，战胜一次又一次自然灾害的挑战。今天，我们再次见证以人为本的救援速度，再次感受纾危解困的巨大合力。凭借百折不挠、顽强不屈的精神，依靠众志成城、共克艰难的行动，灾难面前，让我们挺起不屈的脊梁，以更加有力的举措，用更加科学的方法，把灾害损失减少到最低程度，圆满完成抗震救灾的重大任务，让灾区群众满意，让党和人民放心。

概论

1.1 地质灾害的概念及其内涵

地质灾害是指由于自然因素或者人为活动引发的危害人民生命和财产安全的山体崩塌、滑坡、泥石流、地面塌陷、地裂缝、地面沉降等与地质作用有关的灾害。

滑坡

以上概念是由国务院《地质灾害防治条例》中对地质灾害的法律界定。该定义侧重强调了我国政府对地质灾害管理的内涵，也兼顾到了学术界的定义。

这一概念还表达了以下内涵：

(1)地质灾害强调了地质作用产生的自然灾害。与地质作用无关的火灾、冰冻、瘟疫等不属于概念所包含的内容；

(2)地质灾害是在自然和人为因素的综合作用下形成的灾害。即自然地质作用或人为作用，或是二者共同作用影响下形成的地质灾害；

(3)地质灾害与其他灾害一样，是对人民生命和财产安全造成危害的事件和潜在威胁的现象。对于发生在人烟稀少地区对人民生命和财产安全没有造成危害和潜在威胁的地质环境变化，则不属于地质灾害；

(4)地质灾害的类型主要是山体崩塌、滑坡、泥石流、地面塌陷、地裂缝、地面沉降等灾害（与学术界的类型划分略有差异）。这六种灾害是我国常见多发、危害性相对较严重的灾害类型。

崩 塌

泥石流

地裂缝

地面塌陷

1.2 我国地质灾害分布、发育概况

我国地域辽阔，经度和纬度跨度大，自然地理条件、地层岩性和地质构造复杂，地震活动强烈，降水集中，加之长期以来全社会对自然资源的过度索取，不合理的工程建设与开发过于频繁等影响，使我国成为世界上地质灾害最严重的国家之一。

我国地质灾害分布、发育的总体特点是灾害类型多、发生频率高、分布地域广、灾害损失大。

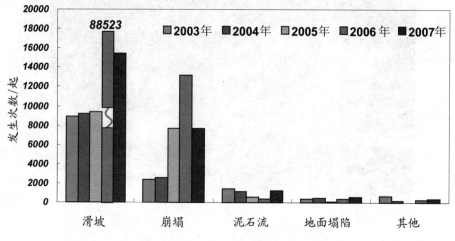

近5年来全国不同类型地质灾害发生情况统计图

（据《中国地质环境公报》2003—2007年度数据）

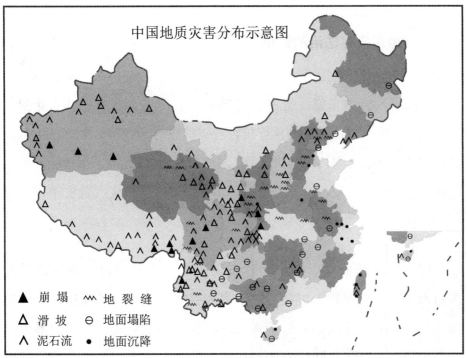

中国地质灾害分布示意图

▲ 崩塌　〰 地裂缝
△ 滑坡　⊖ 地面塌陷
∧ 泥石流　• 地面沉降

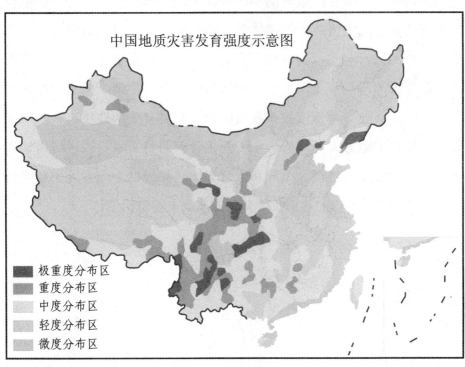

中国地质灾害发育强度示意图

■ 极重度分布区
■ 重度分布区
□ 中度分布区
□ 轻度分布区
□ 微度分布区

1.3 我国地质灾害防治的管理

我国政府历来就十分重视自然灾害的防灾、救灾工作，指定了由国家减灾委负责贯彻执行抗灾救灾的方针、政策，处理抗灾救灾事宜，指导全国抗灾救灾工作，相应的省(市、区)、市(州)、县各级政府也设立专门的救灾机构，负责本地区的抗灾、救灾工作。

国土资源部成立(1998年)以前的很长一段时间内，我国地质灾害防治工作的管理较为混乱，缺乏系统有效的管理。1998年国土资源部从行政职能上正式归口管理地质环境保护和地质灾害防治的工作。之后，理顺了全国各级政府的相应管理体制，形成了覆盖全国的地质环境保护和地质灾害防治管理体系。2003年11月24日国务院公布、并于2004年3月1日起实行的《地质灾害防治条例》中规定："国务院国土资源主管部门负责全国地质灾害防治的组织、协调、指导和监督工作。国务院其他有关部门按照各自的职责负责有关的地质灾害防治工作。县级以上地方人民政府国土资源主管部门负责本行政区域内地质灾害防治的组织、协调、指导和监督工作。县级以上地方人民政府其他有关部门按照各自的职责负责有关的地质灾害防治工作。"

我国地质灾害防治的管理机构组成

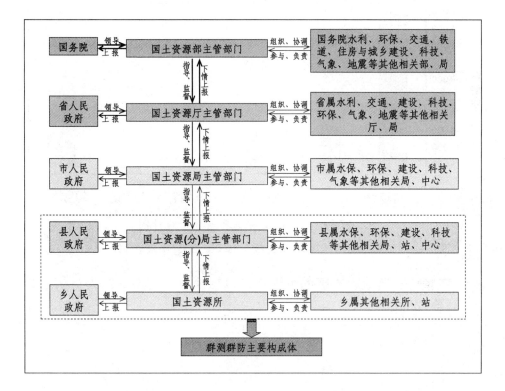

1.4 地质灾害险情、灾情及其等级划分

险情——指地质灾害隐患的潜在危害性，包括地质灾害隐患威胁的人数和威胁的财产数量(潜在的经济损失)。

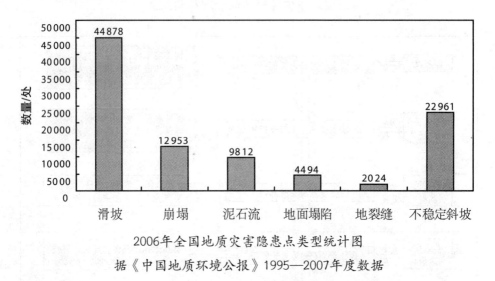

2006年全国地质灾害隐患点类型统计图

据《中国地质环境公报》1995—2007年度数据

灾情——指地质灾害的危害性，包括地质灾害造成的人员伤亡和直接经济损失。

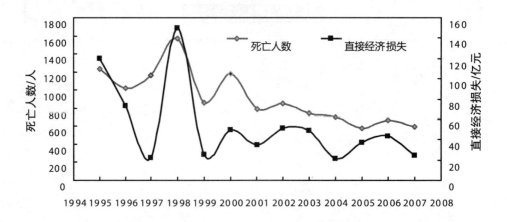

1995～2007年全国地质灾害灾情统计图

据《中国地质环境公报》1995—2007年度数据

根据国家规定，针对一处地质灾害隐患中威胁的人员数、潜在经济损失大小，可将险情划分为四个等级。

地质灾害险情分级标准

等级	受威胁人数/人	潜在经济损失/万元
特大型（Ⅰ级）	≥1000	≥10000
大型（Ⅱ级）	1000～100	10000～5000
中型（Ⅲ级）	100～10	5000～500
小型（Ⅳ级）	＜10	＜500

险情分级两项指标不在同一级次时，按从高原则确定等级。

针对一次地质灾害事件中造成的人员伤亡、直接经济损失大小，可将灾情划分为四个等级。

地质灾害灾情分级标准

等级	死亡人数/人	直接经济损失/万元
特大型（Ⅰ级）	≥30	≥1000
大型（Ⅱ级）	30～10	1000～500
中型（Ⅲ级）	10～3	500～100
小型（Ⅳ级）	＜3	＜100

灾情分级两项指标不在同一级次时，按从高原则确定等级。

1.5 地质灾害防灾减灾体系的构成

地质灾害防治工作是一项非常庞大的系统工程，需要同时强调对地质灾害的预防、治理、救灾、恢复等多方面的减灾效应，建立一套具有测、报、防、抗、救、援等多功能的综合防灾减灾体系。并不断开展多学科、跨学科间的综合研究，加强全社会防灾减灾教育，才能全面提高全民的防灾减灾意识和水平。

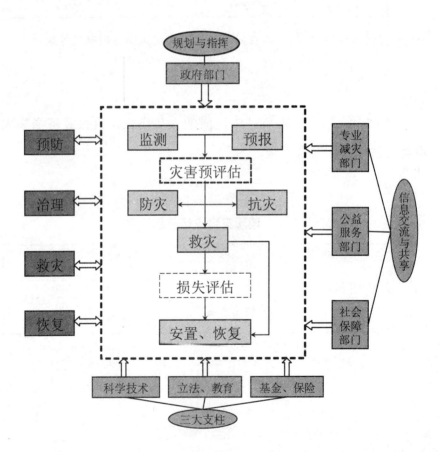

地质灾害防灾减灾工作体系构成简图

1.6 地质灾害防治工作的主要原则、制度和措施

地质灾害的防灾减灾不仅需要社会各界的相互协同、互助，还需要有严格的指挥、管理、执行、落实和保障措施。

现场调查

三项原则：

(1)"预防为主、避让与治理相结合，全面规划、突出重点"的原则；

现场汇报

(2)"自然因素造成的地质灾害，由各级人民政府负责治理；人为因素引发的地质灾害，谁引发、谁治理"的原则；

(3)地质灾害防治"统一管理，分工协作"的原则。

五项制度：

(1)实行地质灾害调查制度；

(2)实施地质灾害预警预报制度；

(3)工程建设场地实行地质灾害危险性评估制度；

(4)国家执行地质灾害危险性评估、地质灾害勘查与防治工程的资质管理制度；

资质管理

(5)与建设工程配套实施的地质灾害治理工程应落实"三同时"制度。

五项措施：

(1)国家建立地质灾害监测网络和预警信息系统；

(2)县级以上人民政府要制定突发性地质灾害的应急预案并公布实施；

(3)县级以上地方人民政府要制定年度地质灾害防治方案并公布实施；

(4)发生地质灾害险情时，各级人民政府要成立地质灾害抢险救灾指挥机构，启动突发性地质灾害应急预案，统

危险性评估

一协调相关部门的工作，指挥和组织地质灾害的抢险救灾；

(5)地质灾害易发区的县、乡、村应当加强地质灾害的群测群防工作。

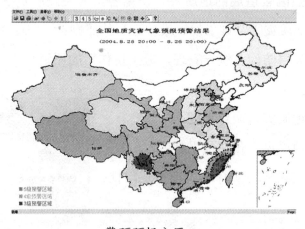

警预预报分区

1.7 地质灾害预防的必要性及意义

(1)从国家防灾减灾的总体思路和工作体系来看，"预防为主"是我国防灾减灾工作长期贯彻执行的最基本指导思想和原则，是第一位的工作。这是基于我国的基本国情和地质灾害的背景条件下，在过去、现在甚至将来相当长时期内必须坚持的一项基本国策。

(2)从致灾机理(主体与客体的对立统一形成灾害)的辩证关系来看，预防措施能够直接有效地避免致灾作用(主体)与受灾对象(客体)的相互遭遇(对立统一)，从而达到预期的减灾效果。

(3)从灾害孕育的动态角度来看，大多地质灾害其致灾作用的初期酝酿阶段，维持稳定或平衡的抗力都较小，且发展速度也缓慢，只要及时主动地采取相应的措施与手段便能恢复稳定状态，从而可避免或减轻灾害发生。而一旦使致灾作用发展到后期的快速变形、恶化阶段，要想进行相应的处理措施则所需代价将大大增加，也可能在时间上不允许，从而失去良机，因被动受灾而造成巨大伤亡和损失。

(4)从经济合理性的角度来分析，较早的进行地质灾害预防与避让，一般所需的成本均要比灾害发生后进行救灾、治理、恢复重建等少得多，若灾害造成重大人员伤亡时则更不可比。因此，地质灾害预防尤为重要。

(5)地质灾害预防是地质灾害防治的基础，也是地质灾害减灾工作体系中预防、治理、救灾和恢复四大环节的首要环节和重中之重，同时更是"预防为主"指导思想的最直接体现。从减灾工作体系四大环节的相互响应机制来看，灾前预防工作与灾时(后)救灾、治理、恢复的工作间存在着此起彼伏，相互消长的响应关系，越是抓紧灾前的预防，灾时(后)的救灾、治理和恢复工作便越轻、越简易，相应地综合成本便越低、损失也越小。

(6)地质灾害与其它能够引起政府和社会高度关注的灾害一样，地质灾害的预防既是一项宏大的系统工程，也是一项社会化的"行为规则"。其意义就是提高全社会的防灾"素质"和相应的管理水平。

(7)大量事实证明，适时采取预防措施是防止灾害破坏、减少灾害损失最为安全有效的途径。

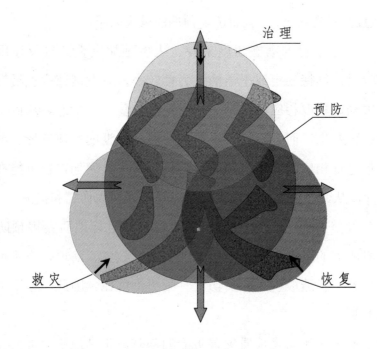

预防、治理、救灾、恢复四大环节响应关系图

1.8 地质灾害预防工作的基本要求

第一，全面贯彻执行相关法律法规，在地质灾害易发区切实将地质灾害预防工作放在政府工作应有的位置；

第二，在预防工作的具体实施中，应走专业队伍与当地群众相结合，技术业务与行政措施并重的群专结合、群测群防路线；

第三，各级人民政府要及早成立地质灾害应急抢险救灾指挥机构，并制定相应的应急预案；

第四，要注重科学研究，以科技为先导，综合开展地质灾害防治的理论与实践研究。同时也要加强全民的防灾减灾意识建设，开展科技知识和政策法规的宣传推广，尽最大可能提高全民的防灾抗灾能力；

第五，要不断地组织联合社会各方面力量，积极争取由"各级政府、科学技术界、工程企业界和公众社会"构成"四位一体"的战略合作伙伴关系，构筑灾害预防的长效机制和体系。

1.9 地质灾害预防工作体系的构成

"大医医未病之人，中医医欲病之人，下医医已病之人。"

————唐代医学家 孙思邈

"We must,above all,shift from a culture of reaction to a culture of prevention.Prevention is not only more humane than cure,it is also much cheaper."（我们必须从反应的文化转换为预防的文化。预防不但比救助更人道，而且成本也小得多）

————联合国前秘书长 安南

以上两段文字精辟地表明了"预防"在社会生活中的重要性。对于防灾减灾也不例外。地质灾害的预防是通过地质环境保护和地质灾害监测、预警、预报、灾害预评估等一系列措施来实现的。搞好地质灾害预防工作，必须依靠法制、依靠科技、依靠群众，发挥政府的主导作用，建立起"居安思危、防范胜于救灾与重建"的防灾文化，坚持不断地增强全社会的防灾减灾意识和能力。

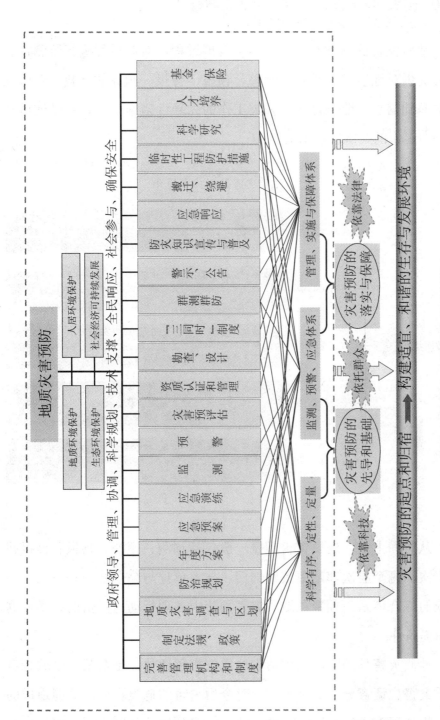

地质灾害预防工作体系构成框图

1.10 地质灾害监测、预警、评估及调查

地质灾害的形成有一定的孕育发展过程，对此过程进行监测，就能够提供对地质灾害预测、预警、预报、警报、预评估、救灾及治理等的基础信息。监测是防灾减灾工作的先导性措施之一，更是地质灾害预防工作的关键性技术措施。

地质灾害监测技术简介

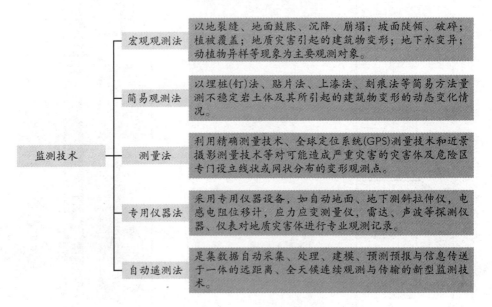

监测技术	宏观观测法	以地裂缝、地面鼓胀、沉降、崩塌；坡面陡倾、破碎；植被覆盖；地质灾害引起的建筑物变形；地下水变异；动植物异样等现象为主要观测对象。
	简易观测法	以埋桩(钉)法、贴片法、上漆法、刻痕法等简易方法量测不稳定岩土体及其所引起的建筑物变形的动态变化情况。
	测量法	利用精确测量技术、全球定位系统(GPS)测量技术和近景摄影测量技术等对可能造成严重灾害的灾害体及危险区专门设立线状或网状分布的变形观测点。
	专用仪器法	采用专用仪器设备，如自动地面、地下测斜拉伸仪，电感电阻位移计，应力应变测量仪，雷达、声波等探测仪器、仪表对地质灾害体进行专业观测记录。
	自动遥测法	是集数据自动采集、处理、建模、预测预报与信息传送于一体的远距离、全天候连续观测与传输的新型监测技术。

从时间上讲，地质灾害预警一般包括预测、预警、预报和警报四个层次，每个层次都是由政府部门、技术单位与公众社会来共同参与实施的综合体系。预警是地质灾害预防中各项行动与举措的科学依据和前提条件。

地质灾害预防阶段的评估为地质灾害预评估，是在某一区域(点)地质灾害史调查分析的基础上，对今后灾害的危险程度和可能造成的破坏损失程度进行预测性评价。地质灾害预评估是制定国土规划、社

会经济发展计划、地质灾害防治方案、应急预案和建设项目立项等的基础。

为了解某区域(某点)地质灾害的基本状况、分布规律和发展趋势等情况而进行的常规基础(专门应急)调查，即为地质灾害调查。地质灾害调查是制定地质灾害防治规划、建立地质灾害信息系统、划定地质灾害易发区和危险区、编制地质灾害防治规划和年度地质灾害防治方案、进行地质灾害监测和预警、进行地质灾害评估、组织应急措施实施等预防工作的前提和基础。

地质灾害预警技术简介（据刘传正，2008年）

阶段	时间尺度	空间尺度	方　法	数　据	指　标	措　施
预测	1年～10年	大区域	区域评价区划	地质调查数据库	发育度风险度危害度	建设规划预防
预警	1月～1年	小区域	一次过程观测	监测数据库	临界区间值	局部转移或全部准备避难
预报	数　日	局　部	精密仪器监测	分析模型库	警戒值	搬　迁
警报	数小时	局　部	精密仪器监测	灵敏度分析	警戒值	紧急搬迁

地质灾害调查工作简介

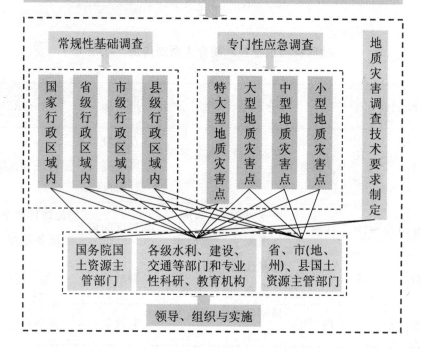

崩塌

2.1 崩塌

崩塌是指高陡斜坡上的岩、土体在重力作用下突然脱离山体崩落、滚动，最后堆积于坡脚形成倒石堆的地质现象。也称"崩落、坍塌、垮塌或塌方"。

崩塌的主要特点是：

下落速度快；

规模差异大；

崩塌物大小混杂，杂乱无章；

最终形成混杂堆积物。

崩塌按其物质组成可划分为：

① 岩质崩塌

② 土质崩塌(坍塌)

③ 混合型崩塌

5·12地震引发的四川绵阳—北川公路岩质边坡崩塌

5·12地震引发的G212线甘肃武都橘柑乡大岸庙村段土质边坡崩塌

2.2 崩塌的主要危害

崩塌下落速度快，杂乱无章的飞砂落石常会造成严重的人员伤亡、工程设施毁坏、交通阻塞等危害。

毁坏铁路、桥梁　　毁坏矿山

毁坏工厂　　堵塞河流

山体崩塌导致
浙江省甬台温高速公路中断

图① 1号崩塌体阻江

图② 1号崩塌体阻江　　　　　　　　　图③

图④ 救灾现场

　　上图①～④为5·12汶川地震引发的宝成铁路线甘肃省徽县境内的群发性崩塌灾害。崩塌体阻断嘉陵江，形成堰塞湖，使其上下游水位差高达10米；同时，崩塌体还砸坏火车头，使两人受伤，并引起车头燃烧。

图②

图① 山体崩塌全貌

图③ 施救现场

图④ 施救现场

　　图①～④ 为2008年11月23日在广西凤山县凤城镇巴炼山发生的一起山体崩塌灾害。崩塌体积为2.1万方，共造成伤亡人员12人(6死6伤)，掩埋房屋16间、机动车4辆，致使凤巴二级公路中断。事发后当地区委、区政府立即作出重要指示与批示，同时区、地、县各级领导亲赴现场指导救灾，凤山县第一时间启动灾情应急预案，全力开展抢险救援，政府新闻媒体客观透明地跟踪报道了灾害灾情及抢险救援工作情况。

图① 山体崩塌全貌

图② 救援现场

　　图①、②是2009年6月5日下午重庆市武隆县鸡尾山发生的山体崩塌灾害。崩塌体将山对面的一采矿场和6户居民房屋压埋，共造成64人失踪、10人死亡。事件发生后，党中央、国务院高度重视，胡总书记、温总理迅速作出重要批示，要求千方百计做好抢救工作，防止次生灾害发生，并委派副总理张德江代表党中央、国务院前往事故现场指导抢险救灾工作。

2.3 崩塌易发区及其诱发因素

崩塌多发育于山地及高陡斜坡上，其坡度一般大于50度，高度超过20米，坡体前部存在临空空间；或坡体成孤立山嘴；或为凹形陡坡，上陡下缓状；或以上形态兼而有之时。坡体内部裂隙发育，尤其产生垂直或平行于斜坡方向的陡倾裂缝，并且切割坡体的裂隙、裂缝即将贯通，使之与母体形成分离之势时。

引起崩塌的原因有地震、强降雨、水流冲刷、雨水浸泡、采矿、坡顶加载、坡脚开挖、水库蓄水、工程爆破和不合理的农田开垦等等。

开山取石引发的
甘肃省S301线边坡崩塌

岩体内部结构、构造面(层理、断层、节理与裂隙等)发育且其强度不均匀，致使岩体破碎，稳定性变差，极易发生崩塌。

27

黄土体垂直节理、裂隙与大孔隙发育，易于发生崩塌。

第三系泥岩被多组裂隙组合切割，风化卸荷形成危岩体，加之人工开挖，则极易发生崩塌。

边坡岩体破碎、节理发育，加之坡脚开挖凹陷，极易形成崩塌。

28

2.4 崩塌发生时间的一般规律

崩塌发生的时间大致有以下规律：

(1)降雨过程之中或稍滞后，这一般是出现崩塌最多的时段；

(2)强烈地震或余震过程之中；

(3)开挖坡脚过程之中或滞后的一段时间；

(4)水库蓄水初期及河流洪峰期；

(5)强烈的机械及大爆炸振动之后。

强震时山体崩塌滑坡群发景象

地震山崩地裂之景象

过度开挖坡脚后可能引发崩塌

2.5 崩塌发生前的主要征兆

崩塌前缘掉块、落石，小崩小塌不断发生；

陡坡坡肩部出现新裂痕，嗅到异常气味；

不时听到岩体撕裂摩擦错碎声；

出现热、气、地下水量、水质等的异常变化；

动植物出现异常现象等。

碎石坠落　　　　　　　　裂缝发育　　　　　　　　岩体摩擦发声

动物惊恐异常

当发现以上现象时，群众应首先向当地政府部门或相关专业部门及时汇报情况，同时采取相应的避险措施，以确保生命安全，等待主管部门和专家来商讨解决。

2.6 崩塌发生时的主要预防应急措施

行人和车辆遇到崩塌时应迅速离开崩塌路段。崩塌易造成交通堵塞、房屋建筑等毁坏,行车应听从指挥,接受疏导;居民应迅速撤离,转移到安全地区。

对于潜在的崩塌要进行裂缝监测和雨量监测。一般情况下,应把变形显著的裂缝作为监测对象,可以在裂缝两侧设置固定标杆,在裂缝壁上安装标尺,定期观测,做好记录。同时,应在雨季及时填堵地面裂缝以防止雨水渗入,还应观测雨量,分析裂缝变化与雨量的关系,掌握崩塌的发展趋势,为防灾、减灾提供基本依据。

车辆避让

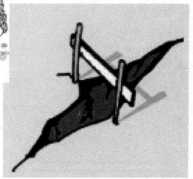

裂缝监测

滑坡

3.1 滑 坡

　　滑坡是指斜坡上的岩、土体由于受多种因素(地震、降水入渗及水流冲刷、人工挖坡等)的影响,在重力作用下,沿着一定的软弱面(带)整体或分散顺坡向下滑动的自然现象及其形成的地貌形态。俗称"走山"、"垮山"、"地滑"、"土溜"、"山剥皮"等。

　　滑坡从孕育到形成一般要经历裂、蠕、滑、稳四个阶段。

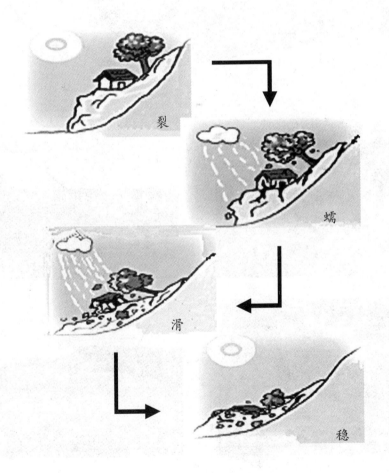

3.2 滑坡的主要组成要素

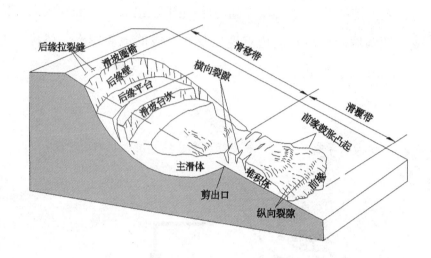

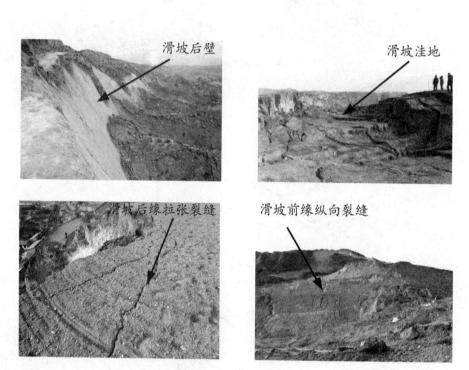

滑坡后壁

滑坡洼地

滑坡后缘拉张裂缝

滑坡前缘纵向裂缝

3.3 滑坡的主要类型

按滑体的物质组成成分，可将其分为：

　　①岩质滑坡

　　②土质滑坡

　　③混合型滑坡

岩质顺层滑坡

黄土滑坡

泥岩滑坡

按滑体的厚度，可将其分为：

　　①浅层滑坡(滑体厚＜6米)

　　②中层滑坡(滑体厚6～20米)

　　③深层滑坡(滑体厚20～50 米)

　　④极深层滑坡(滑体厚度＞50米)

按滑体的规模，可将其分为：

①巨型滑坡(滑体规模≥1000万方)

②大型滑坡(滑体规模100～1000万方)

③中型滑坡(滑体规模10～100万方)

④小型滑坡(滑体规模<10万方)

按滑动面特征，可将其分为：

①顺层滑坡

②切(逆)层滑坡

顺层滑坡

切层滑坡

3.4 滑坡的主要危害

破坏房屋建筑　　造成人员伤亡

破坏工矿设施　　危害交通运输

毁坏农田渠道　　引发次生灾害

毁坏民房(榆中,2008)

破坏工厂(天水,1990)

摧毁城镇（北川王家岩,2008）

毁坏矿井(窑街,2005)

破坏公路(G312,2004)

破坏水利工程(盐锅峡,1991)

压埋农田(盐锅峡,2006)

威胁输电工程(兰州,2006)

淤积水库(刘家峡,1996)

堵塞河道(青川,2008)

堵塞河道(青川,2008)

补给泥石流(天水,1990)

洒勒山滑坡全貌

　　上图为甘肃省东乡县洒勒山滑坡全貌。该滑坡于1983年3月7日发生，体积约3100万方，滑坡体在不到1分钟的短暂时间内向前滑移1000多米，摧毁了4个村庄，致使220人死亡、22人重伤，掩埋牲畜400余头(只)、粮食7万公斤，毁坏小型水库1座。该滑坡是我国黄土地区罕见的超大型高速远程滑坡之典型。

图①　九州石峡口滑坡全貌（兰州,2007）

图①～⑤为2007年9月17日在兰州市城关区石峡口发生的一起滑坡灾害。滑坡体积约6.2万方，堵断罗锅沟主洪道，影响正常的行洪与污水排放；压埋九州大道，造成交通线路堵塞，给九州开发区的5万居民、100多家单位的正常生活、生产带来了极大的不便；同时滑坡体还对其前方的武警甘肃总队油库产生威胁。滑坡灾害发生后，兰州市国土资源局、城关区政府、九州开发区管委会、甘肃省科学院地质自然灾害防治研究所等有关部门和单位的领导、专家及时赶赴现场，积极开展了以消除滑坡险情，保证九州大道正常畅通和武警甘肃总队油库安全为总目标的应急治理工作。

图②　滑坡滑动(侧视)

图③　滑坡滑动(正视)

图④　威胁油库

图⑤　压埋公路

2009年5月16日21时05分，甘肃省兰州市城关区九州石峡口小区西侧山体发生了2万多方的黄土滑坡(图①～④)，摧毁了小区4#楼(六层)5、6两个单元30户居民的住房和小区锅炉房，相邻的4单元也严重受损，灾害共造成7人死亡、1人受伤。另外，滑坡体还堵塞了罗锅沟排洪道约60米，九州大道部分设施也不同程度受损，直接经济损失约2060万元。事发当日18时左右有群众发现山坡上不断出现掉土、滚石现象，小区及有关部门得知消息后及时组织疏散居民，并上报政府相关部门。因发现及时，处理得当，避免了重大的人员伤亡和财产损失，是群测群防和应急救灾管理的成功范例。

本次灾害事件引起了党中央、省、市、区各级政府和社会各界的高度关注和重视，胡锦涛总书记亲自作了重要批示。灾害发生后，甘肃省、市、区政府和国土资源部门的主要领导及工作人员及时赶到灾害现场，开展地质灾害抢险救灾工作，国土资源部也选派专家组进行滑坡区险情调查，指导救灾。

图①　九州石峡口5·16滑坡全貌

图②　受损后的4#楼

图③　武警官兵应急救援

图④　灾后现场清理

41

3.5 滑坡易发区

　　总体上来说，滑坡一般多发于岩、土体比较破碎、疏松，地形起伏变化较大，植被覆盖较差的地区；一些山地丘陵和工程建设活动、矿石开发剧烈的地区，通常也是滑坡多发地带。

"大肚状"山坡，稳定性差、易滑动。

浅表层岩土体下伏隔水岩层，雨季易形成顺层滑动。

层状碎裂砂岩结构边坡，富水性好、稳定性差，易滑动。

黄土斜坡人为切坡过陡，未进行支护，埋下滑坡隐患。

3.6 滑坡发生的主要诱发因素

(1)降雨因素：大雨、暴雨和长时段的连续降雨等使地表水渗入坡体，既软化了岩、土及其中的软弱面，削弱阻滑力，又附加了坡体自重，极易诱发滑坡。

(2)地震动效应：地震引起坡体晃动，破坏坡体平衡，也易引发滑坡。

(3)地表水的冲刷、浸泡作用：河流、湖泊等水体不断冲刷、浸泡坡脚，削弱坡体的支撑力或软化岩土降低其强度，也可能会促使滑坡发生。

(4)不合理的人类活动：如爆破、切坡加载、地下采空、水库蓄(泄)水、引水渠道渗漏、施工机械强烈振动等人类活动均会改变坡体的原始平衡状态，可能会诱发滑坡。

人工开挖坡脚引发滑坡

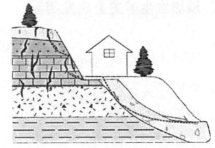

原始斜坡经人为切坡、填坡处理后，成不稳边坡

随意乱开挖

任意乱泼水

建筑场地是砂岩泥岩互层，开挖加荷后易滑动

3.7 滑坡发生前的主要征兆

滑坡发生的前兆现象主要有：山坡中后部出现规律性排列的张裂缝；山坡坡脚处土体突然向上凸起变形；建在山坡上的房屋地板、墙壁等出现裂缝，甚至墙体出现歪斜；在山坡上干涸泉水突然复活，或泉水突然干涸、浑浊；动物惊恐异常，树木枯萎或歪斜等。

坡顶规律性张裂缝发育

坡顶串珠状落水洞排列，且前缘整体下沉

坡脚凸起变形

坡体变形导致房屋错裂

坡体上塘水水位突降

45

成片分布的马刀树显示斜坡表层土体长期向下缓慢滑动

醉汉林

坡面上的树木像醉汉一样东倒西歪，表明滑坡已经滑动并解体

3.8 滑坡发生时的主要预防应急措施

当发现滑坡活动迹象时，应立即向政府及有关部门报告，同时设立警戒区，密切关注天气预报，对滑坡后缘裂缝进行连续监测，并在雨季注意填堵裂缝，防止雨水的渗入。受威胁人员随时做好撤离危险区的准备，当发生滑坡时，要迅速撤离危险区及可能的影响

临时性应急防护措施-反压坡脚

区。滑坡发生后，在有关部门解除警报前不得进入滑坡危险区。

塑料布铺盖危岩体裂缝和落水洞，避免雨水直接灌入

塑料布铺盖滑坡后缘裂缝，防止雨水渗入加速滑动

选择适宜的警报信号

按预定方案组织疏散、撤离

埋桩法定期测量滑坡后缘裂缝位移量

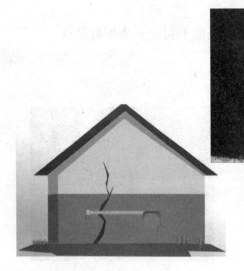

埋钉法、上漆法监测房屋裂缝变
化，以此推断滑坡活动

贴片法监测房屋裂缝变化，以此推断滑坡活动

房屋墙壁裂缝变形自动监测及报警

滑坡裂缝变形自动伸缩监测及报警

泥石流

4.1 泥石流

泥石流是短时间内强大的水流将山坡上散乱的大小石块、泥土、树枝和沟床松散物质等一起冲刷到低洼地和山沟里，变成一种黏稠状的混杂物，顺沟奔泻而下，堆积在沟口一带的地质现象。农村也称为"蛟龙"、"出龙"、"走龙"等。

典型泥石流流域的形态一般由形成区、流通区和堆积区三部分组成。

甘肃武都甘家沟流域泥石流形态示例

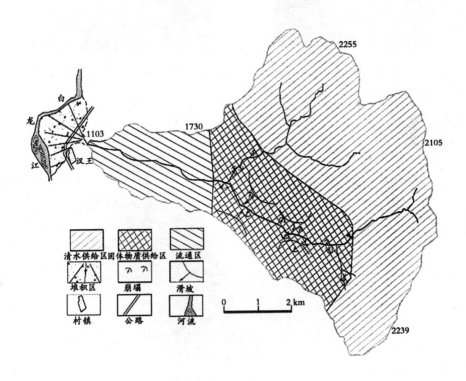

51

4.2 泥石流的主要类型

按泥石流的组成物质可划分为：

①泥石流

②泥流

③水石流

泥石流

泥流

水石流

按泥石流的触发形式可划分为：

①暴雨型

②冰川型

③溃坝型

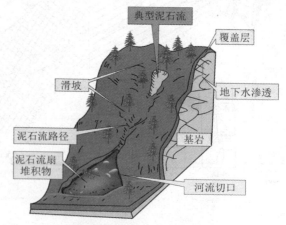

泥石流沟及其要素示意图

按泥石流的形成源地可划分为：

　　①沟谷型

　　②山坡型

沟谷型

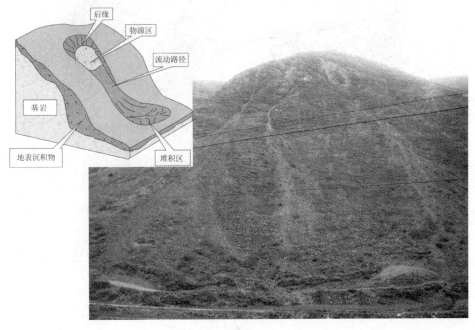

山坡型

4.3 泥石流的主要危害

毁坏房屋	掩埋村庄
冲毁工矿建筑	淤埋矿山设施
冲毁道路	损毁桥梁
破坏水电站	淤埋河道

淹没村庄

冲毁工厂

冲毁铁路、桥梁

破坏水电站淤堵河流

毁坏房屋、阻碍交通

破坏矿山、伤害矿工

左图为2001年6月18～19日湖南省绥宁县境内连降暴雨诱发的特大群发型滑坡、崩塌和泥石流灾害。受灾面积达112平方公里，受灾人口约21万，死亡99人。

图①　水卡子村灾害现场一

图②　水卡子村灾害现场二

图③　水卡子村灾害现场三

图④　水卡子村灾害现场四

图⑤　武警官兵救灾现场

图①～⑤所示为2003年7月11日22时，在四川省甘孜藏族自治州丹巴县发生的特大泥石流灾害，造成1人死亡，50人失踪，另有71人被困。

图① 乐清市北部山区
泥石流灾害现场

图② 乐清市福溪乡泥石流灾害现场

图①~③为2004年8月13日，受
14号台风"云娜"带来的强降雨影
响，浙江省乐清市北部山区发生特
大型泥石流灾害，致使37人死亡、
5人失踪，直接经济损失达4655万
元。

图③ 乐清市乐清镇泥石流灾害现场

图① 山洪、泥石流淹没农家庭院

图② 山洪、泥石流冲毁
房屋、路堤

上图①、②为2008年8月19日23时42分至20日1时，甘肃省夏河县突降暴雨，引发山洪和泥石流，致使县城尕寺沟、颜克尔沟、曼克尔沟、门乃合沟四条排洪沟和达麦乡发生严重泥石流灾害。灾害造成全县3个乡镇所属7个村(社区)的3029户、11459人受灾；615户3087间房屋倒塌，因房屋进水造成危房2399户11995间，农作物受灾面积达136公顷。县城内的主要街道淤泥、石块堆积，部分路段的淤泥厚度达40~50厘米，城内街巷一片狼藉，部分商户、民房进水。此次灾害还造成4人死亡，100人受伤，直接经济损失近2亿元。

图① 泥石流袭击后的小林村

图② 受灾后的小林村一角

图③ 受灾后的小林村一角

图④ 昔日的小林村一隅

　　受西太平洋2009年第8号台风"莫拉克"的影响，台湾省南部的高雄县甲仙乡小林村于8月8日遭遇百年罕见的特大泥石流袭击（图①~③），全村200多户村民中有169户、398人被活埋。泥石流经过之后，昔日林木丛生、绿茵成片、楼房密布的的现代繁华村镇（图④）被夷为平地，整个村镇仅剩碎石、砖瓦块、泥污和尸体，灾害现场惨不忍睹。有新闻媒体称此次泥石流为小林村之"灭村"之灾，自此小林村便从地图上永远地消失。灾害发生后，大陆民众心系台湾同胞，社会各界纷纷伸出援助之手，踊跃捐款捐物，援助救灾。

4.4 泥石流发生的主要诱发因素

一般来说，泥石流的形成需要同时具备三个条件：较陡峻且便于集水、集物的地形地貌，有丰富的松散物质，短时间内有大量水流。

山区小流域山体破碎、滑坡和崩塌发育、植被生长不良，沟道堵塞严重、纵坡降较大，人类乱砍滥伐、尾矿弃渣任意堆放，暴雨、冰雪融化、洪水冲蚀、水库塘坝溃决等都有可能会诱发泥石流。

泥石流易发沟谷

4.5 泥石流发生前的主要征兆

山区遇有暴雨和连续降雨数日时就应提高警惕，注意避险

山区小型沟谷的沟槽有严
重的塌岸、堵塞现象

湖塘岸、坝溃决时
也应提高警惕

堰塞湖使河水突然断流或
洪水突然增大(夹有较多
柴草、树木时)

沟谷深处变得昏暗并伴有
巨大的轰鸣声或轻微的震
动感

总体上来说，泥石流的临灾特征主要有：

物源——松散物质丰富，山体破碎、沟谷两侧滑坡和崩塌发育；同时每小时的降雨强度一般达30毫米左右，每10分钟降雨达10毫米左右或连续降雨（连阴雨）；病险水库塘坝溃决等均可触发泥石流。

地形地貌——山高沟深、地势陡峻，沟床纵坡降大，流域形状便于水流汇集。一般山区上游形态多为三面环山、一面出口的瓢状或漏斗状；中游地形多为狭窄陡深的峡谷，谷床纵坡降较大，可加速泥石流的下泻；下游多为开阔的山前平原或河谷阶地，便于碎屑物质堆积等。具备以上特征的地貌形态可为泥石流的孕育形成、发展提供良好场所。

陡峻峡谷

松散物质丰富的沟床

61

4.6 泥石流发生时的主要预防应急措施

每天及时收听天气预报，
预知暴洪和泥石流险情

不要躲在有滚石和大量
堆积物的下方

千万不要爬在树上来
躲避泥石流

不能停留在陡坡土层较厚
的低洼处或大石块后面

要马上向泥石流流向呈垂
直方向的两边山坡上跑

应立即向当地政府及业
务主管部门报告

泥石流多在洪水季节(5~9月份)发生。在此期间，出行前一定要收听当地的天气预报和地质灾害气象预报，有暴雨时最好不要进入山谷，大雨过后也最好不要急于进入山谷。夜间雨量大时，要有专人值班，观察雨情。一旦发现泥石流险情，应及时迅速地将危险区群众向安全区撤离。

山区雨季要格外警惕泥石流

及时搬迁避让

迅速撤离逃生

63

4.7 泥石流发生时选择避险安全区的原则

　　一般要选择平整的高地做为避难营地。不宜选择大规模的采矿弃渣、工程建筑弃土堆放场地，也不宜选择弃渣、弃土随意堆放的沟谷。不要在沟谷内低平处搭建宿营棚。

临时避险区的合理选择

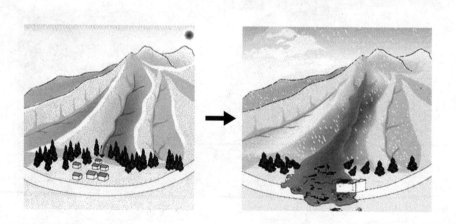

房屋营地建于冲沟沟口低平处，泥石流爆发时易于冲毁

4.8 新选建设场地时预防崩塌、滑坡、泥石流的原则

　　降雨通常是触发滑坡、崩塌、泥石流的首要因素。因此，当新址位于河道、沟口边缘时，必须详细了解该区域的地表汇流情况，注意了解历史洪水位或泥位迹印，将新址置于较高位置；当新址后部紧邻陡坡时，应细心查看产生坡面泥石流和滑坡的可能性。

建房切坡导致高陡边坡不稳

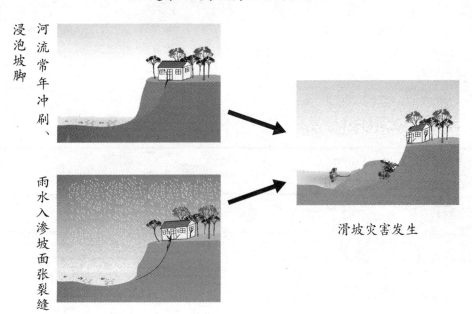

浸泡坡脚

河流常年冲刷、

雨水入渗坡面张裂缝

滑坡灾害发生

5.1 地面塌陷

地面塌陷是指地表的岩、土体因受自然作用或人为活动的影响向下陷落，并在地面形成塌陷坑洞的一种动力地质过程与现象。

塌陷区

地面塌陷区的地表形状多数近似环状，其大小不一，直径一般数米至数十米，个别巨大者可达百米以上；其下陷的深度也不一，可达几(十)厘米或数十米，甚至有百米。

一般引起地面塌陷的动力因素主要是地震、降雨、地下开挖(修建地下洞室、隧道等)和采空(爆破开矿等)、大量抽取地下水等等。

湖南浏阳矿坑突水引发地面塌陷

5.2 地面塌陷的主要类型

地面塌陷的类型主要有：

(1)岩溶地区的岩溶塌陷；

(2)非岩溶地区的采空塌陷、黄土湿陷塌陷、冻融塌陷、熔岩塌陷等。

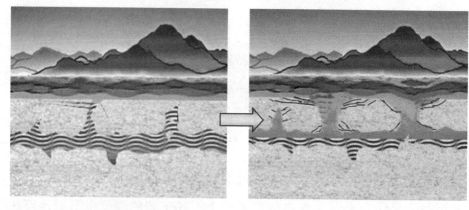

岩溶塌陷前　　　　　　　　　　　岩溶塌陷后

黄土湿陷塌陷

矿区采空塌陷

5.3 地面塌陷的主要危害

威胁矿山安全　破坏城镇建设
破坏道路交通　危害水电设施

采空塌陷影响矿区安全生产，
破坏地质环境

地面塌陷威胁周围建筑
设施安全

地面塌陷破坏公路

矿区采空塌陷引起厂房
失稳、墙壁开裂

地面塌陷毁坏农田，威胁库坝稳定

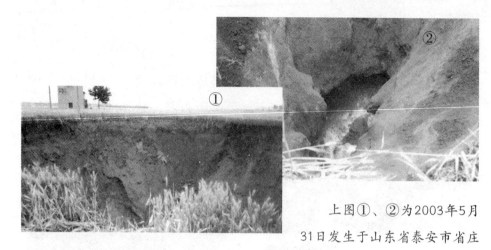

上图①、②为2003年5月31日发生于山东省泰安市省庄镇东羊娄村的突发性地面塌陷事故。本次塌陷未造成人员伤亡，只对长势旺盛的麦田有所破坏。塌陷发生时伴随有隆隆作响声，在1公里以外的西羊娄村能清晰可闻。

图①　杭州地铁塌陷灾害全貌

图②　塌陷区大量积水

图③　车辆陷入坑内

图①～③为2008年11月15日发生在浙江省杭州市风情大道地铁一号线施工现场的地面塌陷灾害。塌陷面积20米×100米，深10米，造成共50余人被埋，其中17人死亡、4人失踪，几十辆汽车陷入坑内，并导致供水管线断裂，引起塌陷区内严重积水。事发后，浙江省委、省政府，杭州市委、市政府高度重视，各级主要领导亲赴现场指挥救灾，先后有400多名武警官兵和消防队员参加了抢险救灾任务。本次塌陷灾害是我国地铁修建史上最大的灾害性事故。

5.4 地面塌陷易发区及主要诱发因素

(1)矿山开采形成的采空区；

(2)爆破等强烈的地下工程活动区；

(3)石灰岩、白云岩等碳酸可溶性盐岩地区；

(4)地下工程中的排水疏干与突水作用；

(5)过量抽采地下水、油气等资源；

(6)人工蓄水；

(7)人工加载；

(8)地震及人工振动；

(9)地表渗水等。

武汉市汉南区岩溶地面塌陷

5.5 地面塌陷的主要征兆

(1)井、泉的异常变化：如井、泉的突然干枯或浑浊翻沙，水位骤然降落等；

(2)地面形变：如地面产生地鼓，小型垮塌，地面出现环型开裂，地面出现沉降等现象；

(3)建筑物作响、倾斜、开裂；

(4)地面积水后出现水面冒气泡、水泡、旋流等现象；

(5)植物形态变化、动物惊恐，微微可闻地下土层的隆隆垮落声等情况。

安徽淮北大雨引发城市路面塌陷

5.6 地面塌陷的主要预防措施

(1)对已经发生地面塌陷且其稳定性差尚有活动迹象的地段，应坚决避让，不能作为居民居住地和重要建筑设备厂房、公路等的建设用地；

(2)建筑物应尽量避开地下有采空区的地段，原则上应使主要建筑避开塌陷地段；

(3)工程设计和施工中要注意消除或减轻人为因素的影响。如尽可能不放炮或放小炮；修建完善的排水系统，避免地表水大量入渗；对已有塌陷坑及裂缝进行填堵，防止地表水向其汇聚注入而加剧塌陷的措施等。

辽宁抚顺采空区塌陷

5.7 地面塌陷发生时的主要应急措施

(1)在发现前兆时应立即制订撤离计划，视险情发展将人、物等及时撤离险区。

(2)塌陷发生后对临近建筑物的塌陷坑(洞)应及时填堵，以免影响建筑物的稳定。**其方法一般是先投入片石，上铺砂卵石，再上铺砂，表面用粘土夯实，经一段时间的下沉压密后用粘土夯实补平。**

(3)对建筑物附近的地面裂缝应及时堵塞，地面的塌陷坑(洞)应拦截地表水防止其注入。

(4)对严重开裂的建筑物应暂时封闭不许使用或自行维修，待专业人员进行危房鉴定后再确定应采取的相应措施。

永城陈四楼煤矿地面沉陷

6.1 地裂缝

地裂缝是指地表岩、土体在自然或人为因素的作用下，产生开裂并在地面形成一定长度和宽度裂缝的现象。

5·12地震后，天水地区出现的地裂缝

地裂缝现象多数是伴随着地面塌陷、地面沉降而发生的，有的地裂缝还具有活动性，并具有一定的位移形变特性。

我国境内分布的大型地裂缝主要以断裂构造蠕变活动等产生的构造型地裂缝为主。

山西沁水采煤地裂缝

6.2 地裂缝的主要类型

地裂缝是一种缓慢发展的渐进性地质灾害，按其形成的动力条件主要可以划分为6类：

①构造地裂缝

②地震引发的地裂缝

③抽取地下水产生的地裂缝

④采空塌陷产生的地裂缝

⑤黄土湿陷产生的地裂缝

⑥不合理工程建设引发的地裂缝

地下水超采裂缝

构造裂缝

地震裂缝

黄土湿陷裂缝

采空塌陷裂缝

77

6.3 地裂缝的主要危害

地裂缝活动改变了其周围岩土体的形状和应力分布情况，造成的危害具有不均一性和渐进性的特性。

一般来说，地裂缝的主要危害是造成房屋开裂、建筑设施破损、农田毁坏、交通道路破坏、管道破裂、农田渠系渗水、鱼塘水库漏水等。

地裂缝破坏路面

地裂缝毁坏良田

地裂缝致使房屋开裂

西安市是我国地裂缝灾害最典型和危害最严重的城市。地裂缝的分布范围从西到东、从南到北，面积约155平方公里。城区共有总体延伸方向为北东东向的主

图① 供水管道断裂水向外喷涌

图② 工作人员紧急抢修现场

要裂缝10条，地面出露的总长度累计近70千米。地裂缝所经之处道路变形、交通不畅，地下供、排水管道断裂，建筑错裂、围墙倒塌，文物古迹受损，给城市建设和人民生活造成了严重的危害。上图①、②所示为2003年2月在西安市子午路的地下供水管道(管径约2米)受地裂缝变形影响而错断，致使水淹街道的情景。

河北沧州的地裂缝(延伸长度约4千米)

在我国陕西、河北、山东、河南、山西、江苏、安徽、江西、湖南、河北、北京、天津等20个省(区、市)200多个县(市)共发现400多处地裂缝，其累计总长度超过350千米。这些地裂缝基本上以构造地裂缝和不均匀地面沉降造成的地裂缝为主。据不完全统计，全国发育分布的地裂缝每年造成的直接经济损失多达1亿元以上，间接经济损失则高达数十亿元。

79

6.4 地裂缝易发区及主要诱发因素

岩溶区、矿山开采区地裂缝一般较发育；

湿陷性黄土区、冻土或膨胀土分布区地裂缝也较发育；

地裂缝危害范围不断扩大，程度不断加深，早期地裂缝多为自然成因，近期人为成因的地裂缝也逐渐增多；

地震活动易于引发和加剧地裂缝发育、发展；

强降雨地区将会加剧地裂缝发展；

过度抽水或灌溉水渗入都会诱发地裂缝。

河北保定地下水超采引发的地裂缝

5·12地震引发的甘肃武都汉林乡三家地地裂缝

6.5 地裂缝的主要预防措施

地裂缝灾害多数发生于由主
要地裂缝所组成的地裂缝带(组)
内，其形成过程一般较长。故对于
已经产生地裂缝的区域，应以避让
为主，从而可避免或减少经济损
失。而对于一些小型裂缝可采取及
时回填、夯实等措施防止其发展。

及时回填房屋前、后小裂缝

进行长期有效监测

对于地裂缝易发区要进行灾害评价，合理规划，以防为主。并
且在预防期间采取长期有效的监测措施，如可采用地面勘察、地形变
测量、断层位移测量等方法来预测、预报地裂缝的发育情况及危害范
围，为其防治提供可靠的科学依据。

7.1 地面沉降

地面沉降是在自然因素和人为因素的影响下，地表层在相当大范围内发生地面水平面降低的现象。地面沉降又称为地面下沉或地陷。

地面沉降的结果——威尼斯水城

地面沉降也是一种渐进性的地质灾害，具有累进性成灾的特点。一般下沉速率缓慢、不易察觉，但其波及的范围广，危害性大且难以治理。地面沉降常被形象地称为"一种沉默的土地危机"。

7.2 地面沉降的主要类型

根据发生地面沉降的地质环境可分为：

①现代冲积平原型。如我国华北平原的地面沉降灾害。

华北平原各区不同累计沉降区域范围统计(2006年)

地 区	沉降区面积/平方千米		
	沉降量>500毫米	沉降量>1000毫米	沉降量>2000毫米
北京市	467.0	0	0
河北省	25852.4	3382.6	11.7
天津市	7181.0	5127.1	930.2
山东省	238.8	0	0

(据《中国地质环境公报》2006年度数据)

②三角洲平原型。主要是在现代冲积三角洲平原地区，如我国长江三角洲地带的常州、无锡、苏州、嘉兴、萧山等地的地面沉降均属这种类型。

③断陷盆地型。又可进一步分为近海式和内陆式两类：近海式指滨海平原，如宁波市的地面沉降；内陆式则为湖冲积平原，如西安市、大同市的地面沉降。

根据地面沉降发生的原因可分为：

①抽汲地下水引起的地面沉降；

②采掘固体矿产引起的地面沉降；

③开采石油、天然气引起的地面沉降；

④抽汲卤水引起的地面沉降。

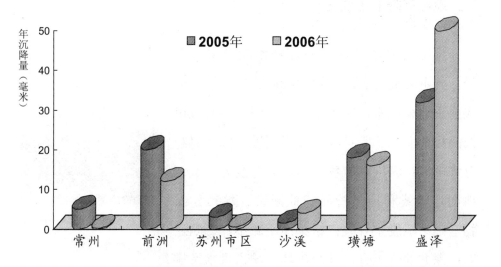

苏锡常地区2005、2006年地面沉降速率对比情况

（据《中国地质环境公报》2006年度数据）

地面沉降促使桥梁净空减小,影响排洪与通航(上海外滩)

7.3 地面沉降的主要危害

地面沉降所造成的破坏和影响是多方面的。其主要危害表现为地面标高下沉，继而造成雨季地表积水，防泄洪能力下降；沿海城市低海拔地面积不断扩大、海堤高度下降而引起海水倒灌；海港建筑物破坏，装卸能力降低；地面运输线和地下管线扭曲断裂；城市建筑物基础下沉脱空开裂；桥梁净空减小，影响通航；深井井管上升，井台破坏，城市供水及排水系统失效；农村低洼地区洪涝积水，农作物减产；一些园林古迹、亭台楼阁、回廊假山倾斜变形或遭受水淹等。

西安市地面沉降——千年大雁塔倾斜

地面沉降——井台破坏

图① 20世纪初

图② 1929年

图③ 1991年

图④ 2008年

　　上海是我国最大的城市之一，位于长江河口三角洲平原滨海地段，地表层第四系松散层厚为300～400米，地下存在3个中-高、高压缩性土层。已过的百余年中，由于地下水超采，引发地面沉降，目前沉降面积达1000平方公里，沉降中心最大沉降量已达2.6米。上图①～④所示是上海外滩防汛墙从无到有、到逐年加高，市区路面也逐年不断加高，当初的一层房屋目前已逐渐变为半地下室的情景。上海外滩地面的百年巨变为我们提供了地面沉降对城市环境巨大影响的典型画面。

7.4 地面沉降的诱发因素及其特点

导致地面沉降的因素主要有自然因素和人为因素两大方面。自然因素主要是指构造升降运动以及地震、火山活动等；人为因素主要是指开采地下水和油气资源以及局部性增加地面荷载等活动。

一般自然因素所形成的地面沉降范围大，形成速率小。而人为因素引起的地面沉降一般范围相对较小，但速率和幅度却比较大。

目前人们将自然因素导致的地面沉降归属于地壳形变或构造运动的范畴，作为一种自然的地质动力现象加以研究。而将人为因素引发的地面沉降归属于地质灾害现象进行探讨与研究，并加以防治。

地下含水层及其开采示意图

7.5 地面沉降的一般预防措施

我国境内的地面沉降大都是由于人为抽采地下水而导致含水层系统受压缩而产生的，针对该种类型的地面沉降主要可采取以下诸方面的预防或恢复措施：

(1)建立健全地面沉降监测网络，加强地下水动态和地面形态的长期监测，为防治提供科学依据；

(2)开辟新的替代水源，大力推广与普及节水技术；

(3)调整地下水开采布局，严格控制地下水超采；

(4)采取含水层存储和修复技术，对地下水开采层进行人工回灌；

(5)加固海岸堤防、疏通河道，兴建排涝工程；

(6)立法保护地下水，加强对水资源开发利用的统一管理；

(7)控制地下水位的波动，减少落水洞的产生。

群测群防

8.1 地质灾害群测群防

地质灾害群测群防体系是指地质灾害易发区内的县(市)、乡(镇)两级人民政府和村(居)民委员会组织辖区内企事业单位和广大人民群众，在国土资源主管部门和相关专业技术单位的指导下，通过开展宣传培训、建立防灾制度等手段，对崩塌、滑坡、泥石流等突发性地质灾害的前兆、灾体变形等动态信息进行调查、巡查和简易监测，实现对灾害险情的及时发现、快速预警和有效避让的一种主动减灾(预防)措施。

群测群防预防灾害的思路及措施是我国灾害预防工作中最重要的措施之一。这项措施充分体现了因地制宜、群专结合、实事求是的指导方针和政策。也是我国国情的充分体现，是一条中国特色的灾害预防道路。据有关资料，群测群防灾害的措施创始于1966年邢台地震之后，通过地震防汛等部门多年来的实践探索和经验积累，其重要意义主要体现在以下几方面：

(1)弥补了专业监测网点和手段的不足，从面上提高了灾害监测预报的能力和水平；

(2)在培养群众观测队伍的同时，宣传了防灾知识，大大提高了防灾意识的覆盖面，起到了专门宣传培训防灾知识所达不到的作用和效果；

地质灾害群测群防人员队伍

(3)群众观测人员熟知当地情况，同当地政府联系密切，又亲临危险点(区)，掌握实际信息丰富，传播紧急防灾躲灾信息灵活多样，在临灾预警预报过程中可发挥专业队伍难以替代的作用；

(4)掌握了基本防灾知识和监测技能的群测群防队伍，在准确灾情的及时传报，组织群众避灾躲灾和防灾抗灾方面具有重要作用。

8.2 群测群防体系的构成

地质灾害群测群防体系一般由县(市)、乡(镇)、村(社区)三级监测网络和监测点构成。

地质灾害群测群防体系构成简图

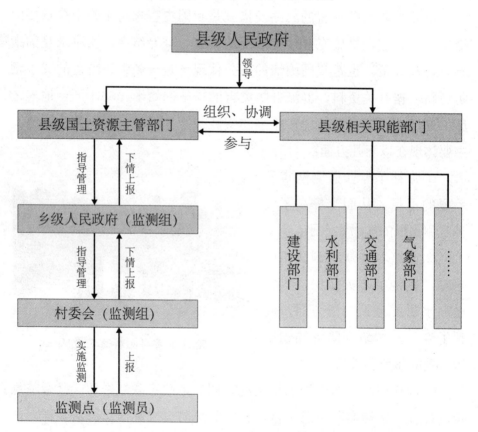

8.3 群测群防体系建设的主要任务

(1)查明地质灾害的发育状况、分布特征和危害程度等，确定纳入监测巡查范围的地质灾害隐患点(区)，编制监测巡查方案；

(2)明确各级政府及部门的防灾责任，建立防灾责任制；

(3)确定群众监测员，开展监测知识及相关防灾知识培训，明确任务和责任；

(4)编制年度地质灾害防治方案和隐患点(区)防灾预案，发放地质灾害防灾工作明白卡和避险明白卡，建立各项防灾制度；

(5)通过宏观巡查和实时监测，掌握地质灾害隐患点(区)的动态情况，在出现灾害前兆、灾体变形较大时，进行临灾预报和预警；

(6)建立辖区内地质灾害隐患点(区)的排查档案、隐患点监测原始资料及隐患区宏观巡查的档案资料库，并及时更新，保护监测、预警设备和设施；

(7)组织实施县级突发性地质灾害应急预案。

8.4 群测群防体系建设中的主要工作

(1)地质灾害隐患点(区)的确定与撤销

隐患区的主要确定对象有:居民房前屋后高陡边坡的坡肩及坡脚地带;邻近居民点自然坡度大于25度的斜坡及坡脚地带;居民区上游汇水面积较大的沟谷及沟口地带;有居民点的江、河、海侵蚀岸坡的坡肩地段及其他一切可能受地质灾害潜在威胁的地带。

地质灾害危险区划定

设立地质灾害警示牌

隐患点的主要确定方法及原则是:在专业人员对崩塌、滑坡、泥石流、地面塌陷、地裂缝等类的地质灾害点进行调查的基础上确定;对群众通过各种方式报灾的点,应由技术人员或专家组调查核实后确定;由日常巡查和其它工作中发现的有潜在变形迹象且对人员和财产构成威胁的地质灾害体,要经专业人员核实后确定。

隐患点(区)的撤销原则是:对已经实施工程治理、移民搬迁、土地整治等措施的地质灾害群测群防点(区),应当报经原批准部门批准撤销。

(2)群测群防责任制度的建立

一般地,县(市)、乡(镇)两

地质灾害重点监测区规划

级人民政府和村（居）民委员会为群测群防的责任单位，其相关负责人为群测群防的责任人。

对于各级的防灾责任应当以责任状的形式具体明确化。如县（市）人民政府与乡（镇）人民政府签订群测群防责任书；乡（镇）人民政府与村（居）民委员会签订群测群防责任书。此外，地质灾害防灾工作明白卡和防灾避险明白卡中应明确相应的责任人。

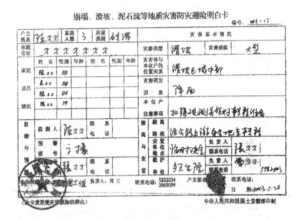

防灾避险明白卡

（3）监测人员的选定与培训

群众义务监测人员的选定条件是：要具有一定文化程度，能较快掌握简易测量方法；责任心强，热心公益事

监测人员应有装备示例

定期开展地质灾害防治的相关培训

业；长期生活在当地，对本地区环境较为熟悉。

对于群众义务监测人员的培训：由县级人民政府组织进行定期或不定期培训。培训的主要内容应包括地质灾害防治基本知识、简易监测方法、巡查内容及记录方法、灾害发生前兆识别、灾害发生时的一般应急措施、各项防灾制度和规定等等。

应给监测人员配发的简易监测预警设备主要有：卷(直)尺、防水手电筒、雨伞、雨衣、雨鞋、口哨(话筒、锣)、电话、背包等。

(4)五项工作制度的建设

防灾预案及"两卡"发放制度：防灾预案应包括年度地质灾害防治方案和隐患点(区)的防灾预案。"两卡"是指地质灾害防灾工作明白卡和地质灾害避险明白卡。

监测和"三查"制度：监测主要包括对监测方法、监测频次、监测数据记录及报送等的规定。"三查"是要对辖区内进行的汛前排查、汛中检查、汛后核查的相关范围、方法和发现隐患时的具体处理

领导、专家深入现场调研指导　　　领导、专家现场落实"三查"工作

方法等作出相应的规定。

地质灾害预报及灾(险)情报告制度：主要规定预报的时间、地

点、范围、等级以及预警产品的制作、会商、审批、发布等。地质灾害的预报一般由县级国土资源主管部门会同气象部门发布，紧急状态下可授权监测人员发布。

值班与宣传培训制度：指在地质灾害高发期、多发期和紧急状态下，对各级防灾责任人员值班的地点、时间、联系方式和任务等作出详细规定。每年都应对辖区内居民进行地质灾害防治知识的宣传培训活动，最终使培训人员基本达到"四应知"、"四应会"的要求。

"四应知"为：知道辖区内的灾害点数、具体地点、灾害规模、影响户数与人数；知道各灾点的转移路线和具体应急安置地点；知道灾害点发生变化时如何上报；知道各监测阶段的时间与次数。

"四应会"为：会在灾害点的主要位置设置监测标尺和标点，并实施监测；会3种简易监测方法，利用简易监测工具进行测量；会记录、分析监测数据，并作出初步判断；会采取措施进行临灾时的应急处置。

专家在基层指导群测群防工作

档案管理和总结制度：县、乡、村级组织应当建立档案管理制度，并实施群测群防年度工作总结制度。对年度防灾方案、隐患点防灾预案、突发性应急预案、"两卡"、各项制度及相关文件、资料等进行分类汇编，建立起档案库。同样也要定期对体系运行情况、防灾效果、存在的问题进行总结和分析，提出下一步工作建议，并对做出突出贡献的单位和个人进行表彰。

先进单位和个人表彰大会

地质灾害防治工作高层会议

(5)信息系统建设

县级人民政府应当建立地质灾害群测群防管理信息系统，将地质灾害防治工作机构及群测群防网络数据、防灾责任人和监测人及监测点的基本信息、监测数据和年度地质灾害防治方案、隐患点(区)防灾预案、"两卡"等信息纳入计算机平台，方便监测数据录入、更新、查询、统计、分析等，最终实现群测群防体系相关信息的动态管理和共享。

建立现代化的网络信息系统
管理与技术平台

8.5　落实群测群防工作的一般做法

根据地质灾害隐患点(区)的变形趋势，确定地质灾害监测点，落实监测点的防灾预案，发放防灾明白卡和避险明白卡。同时，县(市)、乡(镇)、村层层签订地质灾害防治责任状，从县(市)、乡(镇)政府的管理责任人一直落实到村、组的具体监测责任人，从而将形成一级抓一级、层层抓落实的管理体系。

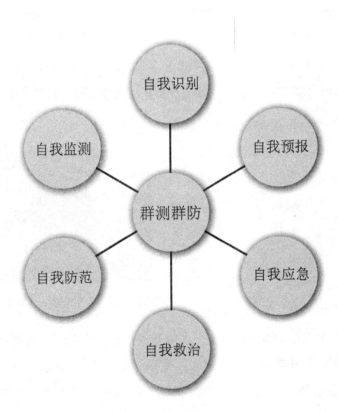

实现群测群防的"六个自我"

8.6 群测群防成功预报的典型案例

广西浦北县小江镇外贸站滑坡现场

2006年7月15日至17日，受第4号强热带风暴"碧利斯"的影响，广西钦州市浦北县普降暴雨，其中17日县城雨量达395.5毫米，当日预报该县中、北部发生地灾的可能性为三级。当地政府立即按应急预案组织险区群众撤离，滑坡发生时避免了83人的伤亡，将地质灾害造成的损失降到了最低点。

甘肃省永靖县盐锅峡黑方台台缘自1984年以来共发生过大小滑坡灾害50余起，成为近年来甘肃省滑坡灾害最为频繁和严重的地段，素有(黄土)滑坡"天然实验室"之称。黑方台滑坡其危险性大，危害性严重，目前已造成10余人伤亡，100多户村民被迫搬迁，10余公顷农田被毁，直接经济损失已

黑方台焦家崖滑坡

超过五千多万元。2006年3月2日，永靖县国土资源局在日常监测中发现，黑方台焦家滑坡群内有三条裂缝出现，并有增大的趋势。9月1～3号再次监测时发现，3条裂缝均发展增大，同时出现了第4条裂缝，且在坡体前缘伴有掉块、小崩小塌等前兆现象。观察到这些情况时，县国土资源局及时向县抢险救灾指挥部报告险情，启动永靖县地质灾害应急预案，并在道路口设置警示牌，向险区群众发放明白卡，动员群众撤离。9月5日19时30分，盐锅峡焦家段发生滑坡，滑坡体积约为750立方米，造成G309公路交通中断，无人员伤亡，主要归因于群测群防工作人员的成功监测与预报。

浙江省黄岩区平田乡桐里岙村位于黄岩西部山区，属黄岩区的贫困乡镇之一，该区地质环境复杂，滑坡、崩塌等灾害时有发生。2005年8月，麦

滑坡体前缘

倒塌的房屋

莎台风登陆前，黄岩区国土资源部门和当地隐患点监测员巡查发现了长50余米，宽30多厘米的山体开裂，相关部门立即按应急预案组织撤离16户村民58人。次日台风带来的强降雨诱发了该隐患点的山体滑坡，造成10多间房屋倒塌，直接经济损失达100多万元。由于村民撤离及时，避免了人畜的伤亡事件。事后，老百姓感谢称赞说："共产党好，政府给了我们第二次生命。"

义和村滑坡全貌

滑坡前缘堵江

被毁坏的房屋残垣

2004年9月5日，四川宣汉县出现200年一遇的暴雨，当地政府根据"防灾预案"和省国土厅的紧急通知，组织巡查，及时组织该县天台乡义和村群众撤离，避免了1255人的伤亡，滑坡规模5625万方，直接经济损失达2500万元。

　　2003年9月1日，陕西省洛川县地质灾害联合组在进行汛期地质灾害巡查时，发现一户居民院落出现长30米，宽约10厘米的贯通裂缝，且门楼出现倾斜。联合组立即做出临灾预报，组织住户8人迅速撤离，1.5小时后沿贯通裂缝发生了规模约180方的滑坡，院落、围墙、门楼一起也随滑坡滑至沟底。由于发现及时，判断准确，并采取了果断措施，避免了8人伤亡。

滑坡发生前

滑坡发生后

应急预案

9.1 突发性地质灾害应急预案

所谓应急是指需要立即采取某些超出正常工作程序的行动，以避免事故发生或者减轻事故后果的状态，有时也称为紧急状态。因此，应急预案可以说是预防灾害、尽最大可能减轻灾害损失的最后一道"防线"。

突发性地质灾害应急预案是指经一定程序事先制定的应对突发性地质灾害（崩塌、滑坡、泥石流、地面塌陷等）的行动方案（以下简称"应急预案"）。

编制应急预案，是贯彻落实地质灾害防治工作以"预防为主"总方针的重要举措；科学、合理、可行的应急预案的实施对减轻地质灾害损失，特别是减少人员伤亡具有十分重要的意义。

一、应急预案的分级、编制与审批

为了能够充分体现出国家对地质灾害管理中的"统一领导、分级管理、分工负责、协调一致"的基本原则，我国目前对突发性地质灾害应急预案的编制主要分为四个不同的级别来进行。

应急预案分级及编制、审批规定

分 级	主要内容	审批部门
国家级	国土资源部主管部门会同建设、水利、铁路、交通部等部门来编制	国务院批准后公布实施
省 级	国土资源厅主管部门会同省建设、水利、交通厅等部门来编制	省人民政府批准后公布实施
市 级	国土资源局会同市建设、水利、交通局等来编制	市人民政府批准后公布实施
县 级	国土资源（分）局会同县建设、水利、交通（分）局等来编制	县人民政府批准后公布实施

二、应急预案的编制格式及主要内容

以下所列应急预案文本编制的主要内容及其书面格式属一般化的参考模式(详细编制内容可参见附件一)。在具体编制过程中,可根据实际情况和需要相应地增删有关章节,以使预案更加科学合理、详尽、可行。

一般化书面格式及主要内容(编制大纲):

1. 总则

1.1 编制目的

1.2 编制依据

1.3 适用范围

1.4 工作原则

2. 组织体系和职责任务

3. 预防和预警机制

3.1 预防预报预警信息

3.2 预防预警行动

3.3 严格执行地质灾害速报制度

4. 地质灾害险情和灾情分级

5. 应急响应

5.1 特大型地质灾害险、灾情应急响应(Ⅰ级)

5.2 大型地质灾害险、灾情应急响应(Ⅱ级)

5.3 中型地质灾害险、灾情应急响应(Ⅲ级)

5.4 小型地质灾害险、灾情应急响应(Ⅳ级)

5.5 应急响应结束

6. 部门职责

6.1 紧急抢险救灾

6.2 应急调查、监测和治理

6.3 医疗救护和卫生防疫

6.4 治安、交通和通讯

6.5 基本生活保障

6.6 信息收集和报送

6.7 应急资金保障

7. 应急保障

7.1 应急队伍、物资、装备保障

7.2 通信与信息传递

7.3 应急技术保障

7.4 宣传与培训

7.5 信息发布

7.6 监督检查

8. 预案管理和更新

8.1 预案管理

8.2 预案更新

9. 责任与奖惩

9.1 责任追究

9.2 奖励

10. 附则

10.1 名词术语的定义与说明

10.2 预案解释部门

10.3 预案的实施

9.2 突发性地质灾害应急演练

　　突发性地质灾害应急演练是指在地质灾害险情、灾情未发生之前，县级及其以上人民政府按照应急预案的内容，组织模拟演习应急预案的各项程序，使预定方案转化为实际行动，做到未雨绸缪，有备无患。通过应急演练可以提高各级政府和有关部门应对突发地质灾害的应急抢险能力，锻炼应急抢险队伍的实际应战能力，提高广大人民群众的防灾避灾意识，使应急预案机制得到实战磨合，充分发挥其相互联动性、协调性和可操作性。一旦真正临灾时便能迅速、有序、有效地进行安全疏散、撤离和避让，从而最大限度地减轻地质灾害造成的损失，维护人民群众生命和财产的安全；同时通过应急演练，还可以检验应急预案的可行性，及时地发现预案中的不足和缺陷，来不断完善和补充应急预案。

演习现场指挥

疏散、撤离群众

解救儿童、老人

演习观摩

演习动员

现场指挥

107

9.3 突发性地质灾害应急响应

应急响应是在出现紧急情况时的一种快速行动，事先有了完善、可操作的应急预案，对一旦出现的紧急情况就会有序、有效地进行援救，以最大程度地控制局面，减少伤亡和损失。

突发性地质灾害应急响应是指在地质灾害险情、灾情发生后，县级及其以上人民政府应当立即启动并组织实施相应的应急预案，即是对已编制完善审批后应急预案的启动与落实（一般遵循分级响应程序，可根据地质灾害的等级确定相应的响应机制）。有关地方人民政府在实施应急方案的同时也应及时将灾情及其发展趋势等信息报告上级人民政府。对于隐瞒、谎报或授意他人隐瞒、谎报地质灾害险情、灾情者要严格追究其法律责任。

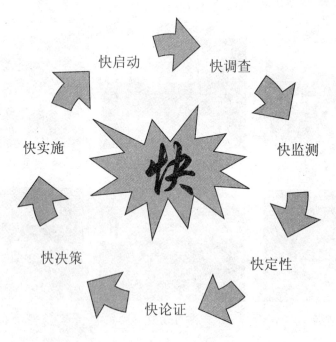

落实地质灾害应急预案的"八快"响应机制